Агроэкология или органическое земледелие [illegible]
к югу от Сахары

Яо Жанно Куаку
Мелани Бланшар

Агроэкология или органическое земледелие в странах Африки к югу от Сахары

ScienciaScripts

Imprint

Cover image: www.ingimage.com

This book is a translation from the original published under ISBN 978-613-8-42441-3.

Publisher:
Sciencia Scripts
is a trademark of
Dodo Books Indian Ocean Ltd. and OmniScriptum S.R.L publishing group

120 High Road, East Finchley, London, N2 9ED, United Kingdom
Str. Armeneasca 28/1, office 1, Chisinau MD-2012, Republic of Moldova, Europe

ISBN: 978-620-7-30080-8

ОГЛАВЛЕНИЕ:

Резюме

Способ обработки биомассы на смешанных растениеводческо-животноводческих фермах очень важен для производства достаточного количества органического навоза. В органическом сельском хозяйстве у производителей нет другого выбора, кроме как производить и применять органический навоз для обеспечения устойчивости и продуктивности их систем земледелия , поскольку минеральные удобрения не разрешены, а другие альтернативные решения недоступны. Поэтому мы предположили, что фермеры, занимающиеся органическим земледелием, применяют инновационные методы управления биомассой, которые могут послужить моделью для развития устойчивого сельского хозяйства. В юго-западной части Буркина-Фасо мы выявили методы управления биомассой среди 30 глав фермерских хозяйств, занимающихся органическим земледелием, используя системный анализ. Опросы выявили различные методы управления биомассой для разных типов производителей. Животноводы и фермеры, лучше всего оснащенные с точки зрения сельскохозяйственного и транспортного оборудования, оптимизируют управление биомассой в наибольшей степени и получают самые высокие урожаи. Фермеры отличаются скромными масштабами деятельности, ограниченным транспортным оборудованием и самыми низкими урожаями. В целом все они сталкиваются с проблемами, связанными с климатической ситуацией, и трудностями с транспортировкой органического навоза из-за отсутствия транспортного оборудования.

Ключевые слова: управление биомассой / продукты питания / смешанное земледелие / органическое земледелие, органический навоз.

Введение

Зеленая революция значительно увеличила сельскохозяйственное производство и повысила продовольственную безопасность во всем мире (ФАО, 2014). Однако во многих странах интенсивное земледелие, основанное на этой модели производства, привело к истощению природных ресурсов, что поставило под угрозу будущую производительность (Blanchard *et al.,* 2006). Эта модель производства в значительной степени зависит от ресурсов: воды, земли, энергии, удобрений, инсектицидов и гербицидов, а также технологий. Для того чтобы справиться с этими экологическими ограничениями и удовлетворить растущий спрос на продукты питания, поддержание плодородия почвы остается одним из основных условий повышения продуктивности и устойчивости сельского хозяйства (Bationo *et al.*, 2007; Sedogo, 1981). Исследования, проведенные (Blanchard *et al.,* 2016); (Vall *et al.,* 2016); (Griffon 2009), показали, что экологическая интенсификация представляется предпочтительным изменением и более привлекательна для принятия, принимая во внимание экологические проблемы (климатические угрозы) и устойчивость (плодородие почвы). Именно в этом контексте интеграция сельского хозяйства и животноводства приобретает особое значение и рассматривается как возможность участия в этой интенсификации, а также как стратегия повышения эффективности деятельности производителей. Однако такая практика требует двойных инвестиций, особенно в корма для животных и производство органического навоза. В западной части Буркина-Фасо в ответ на эти принципы и рыночные возможности появляются новые производственные системы. Некоторые хозяйства идут по этим двум путям экологической интенсификации, первый из которых связан с переходом на органическое земледелие через внедрение и развитие органического хлопка в регионе, а второй - с корректировкой производственных систем на наиболее гибких фермах, когда возникают ограничения (бесплодие почвы, нехватка денег, недостаток рабочей силы и т. д.). Но недостатком является то, что управление биомассой на фермах этой зоны не является оптимальным. Для фермеров этой зоны характерно так называемое нетипичное использование органического навоза (Tinguеri, 2015). Гипотеза данного исследования заключается в том, что смешанные растениеводческо-животноводческие хозяйства, занимающиеся агроэкологией или органическим земледелием, применяют инновационные методы управления биомассой (растительные остатки, корма, стоки), которые являются эффективными с точки зрения производительности и охраны окружающей среды. Эти методы могут быть использованы для развития продуктивного, устойчивого сельского хозяйства в западной части Буркина-Фасо в качестве источника инноваций для смешанных растениеводческо-животноводческих хозяйств, не вовлеченных в конкретные товарные цепочки.

На этом фоне мы поставили перед собой общую цель - выявить эффективные методы управления биомассой на смешанных растениеводческо-животноводческих фермах, участвующих в агроэкологических или органических системах земледелия. В частности, целью является анализ истоков внедрения этих производственных систем в агроэкологии или органическом земледелии и анализ практики управления биомассой на смешанных растениеводческо-животноводческих фермах, вовлеченных в агроэкологию или органическое земледелие (управление растительными остатками, кормами, сточными водами).

ГЛАВА 1

I- Материалы и метод

Данное исследование проводилось в департаменте Дано на юго-западе Буркина-Фасо. Оно проводилось в 6 деревнях (рис. 1), а именно: Тамбипкере (координаты), Дайере, Тамбири, Ябогане, Комплан и Балембар (3°6'5 "W; 3°0'30 "W; 2°54'55 "W; 2°49'20 "W) и (11°1'W "N; ll°6'30 "N; ll°12'0 "N и 11°17'30 "N).

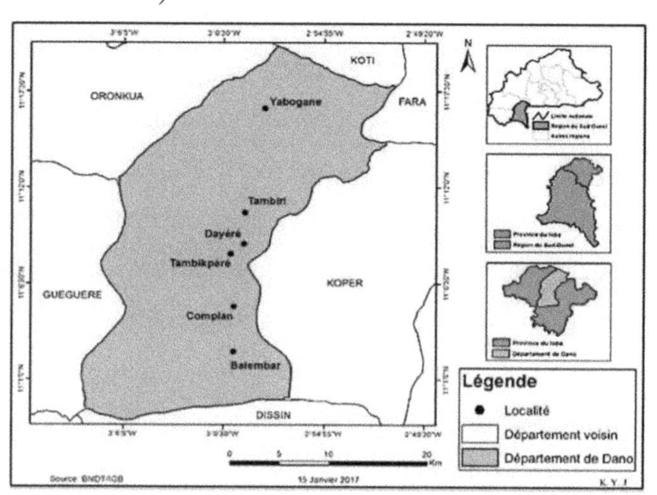

Рисунок 1: Расположение исследуемых деревень

Чтобы определить различные типы смешанных растениеводческо-животноводческих хозяйств, занимающихся органическим земледелием на юго-западе Буркина-Фасо, был использован качественный подход. В этих районах были проведены опросы, в ходе которых мы направили анкету на выборку из 30 руководителей ферм. Опрошенные фермеры занимались выращиванием органического хлопка, который в значительной степени зависит от производства органического навоза. Фермы были разделены на три типа смешанного растениеводческо-животноводческого хозяйства, созданного в рамках партнерской научно-образовательной схемы *"Экологическая интенсификация и разработка инноваций в агросильво-*

пастбищных системах Западной Африки" (DP ASAP) (фермеры, селекционеры и агроселекционеры) для хлопкосеющих районов Западной Африки (Vall *et al.*, 2006, 2012).

I-1 Определение типов агропасторальных хозяйств, вовлеченных в органическое земледелие

Анализ, проведенный с помощью программы Excel, позволил нам выделить типы агропасторальных хозяйств, занимающихся органическим земледелием, на основе их структуры. Для анализа были выбраны следующие переменные: : общая посевная площадь (STC), количество животных (единица тропического скота или UBT), количество тягловых волов (BdT), доля хлопка, кукурузы, сорго и проса в севообороте, количество работников фермы, распределение полей и расстояние полей от концессий, оборудование фермы (сельскохозяйственные орудия и транспортные средства, запряженные животными или моторизованные), семьи и работники фермы, средний объем производства на ферме и их экономические результаты от фермерской деятельности.

I-2 Изучение методов управления биомассой

Для анализа практики управления биомассой на выявленных смешанных растениеводческо-животноводческих фермах мы использовали подход системного анализа ферм, предложенный Jouve (1992). Этот подход позволяет изучить сельскохозяйственные практики, применяемые на ферме, и режим работы производственной системы. Мы охарактеризовали структуру производственных систем (семья, рабочая сила, оборудование, капитал, земельные участки, состав скота), изучили функционирование производственных систем, систему земледелия с севооборотом, чередованием культур, техническим маршрутом, управлением плодородием почвы и растительными остатками, систему животноводства с воспроизводством и управлением животными, санитарной практикой, управлением стоками и кормами для животных).

ГЛАВА 2

II - Результаты и обсуждение

Результаты

Результаты данного исследования включают в себя анализ истоков внедрения этих производственных систем в органическое земледелие, а также анализ практики управления биомассой на смешанных растениеводческо-животноводческих фермах, придерживающихся органического земледелия (управление растительными остатками, кормами, стоками).

1- Разнообразие агропасторальных хозяйств, вовлеченных в органическое земледелие

Первый и самый многочисленный тип фермерских хозяйств занимается сельским хозяйством. Мы различаем фермеров по размеру обрабатываемой ими площади (4,8 га). У этих фермеров есть хотя бы ограниченное оборудование для тяги животных и небольшое стадо (крупный рогатый скот, мелкие жвачные животные и т. д.). Средний размер стада составляет 5,4 ЛУ. Эти фермеры в основном производят хлопок и зерновые (просо, сорго, кукурузу и т.д.) на продажу и для собственного потребления на ограниченных площадях (4,8 га). Животноводы имеют большие стада крупного рогатого скота (плужный скот (3,2%); племенной скот (22,9%), мелкие жвачные животные (41,8%), ослы (2,2%), свиньи (2,7%) и домашняя птица (27,1%). Среднее количество единиц тропического скота (TLU) среди фермеров-животноводов составляет 27. Фермеры обрабатывают в среднем 6 га сельскохозяйственных угодий. Как и фермеры, животноводы имеют одинаковые по размеру участки и производят одинаковые культуры. Они хорошо оснащены животноводческой тягой, а 50 % - моторизованной. Наконец, агропастористы, проживающие в этих населенных пунктах, обрабатывают большие сельскохозяйственные площади, в среднем 7,6 га.

Они выращивают хлопок для продажи и зерновые для собственного потребления. Они также владеют домашним скотом, причем тропическая единица скота составляет 22,2. Животноводство включает в себя крупный рогатый скот (3,9%), племенной скот (16,9%), мелких жвачных животных (34,5%), ослов (1,3%), свиней (5%) и домашнюю птицу (38,4%) (Таблица 1).

Таблица 1: Основные типы ферм

Переменные	*Фермеры*	*Фермеры*	*Заводчики*
Nb (индивидуумы)	17	*8*	4
Возраст (год)	47,47	50,5	48
Сельскохозяйственная площадь (га)	4,8	7,6	6
Животноводство (единиц скота)	5,4	22,2	27
Семья и работник	7,3	10,8	8,8

2- Происхождение этих производственных систем

а - История фермерских хозяйств

Хозяйства фермеров, агроселекционеров и животноводов отличаются молодостью своей структуры. В частности, 35% хозяйств, которыми управляют агроселекционеры, старше 25 лет, в то время как хозяйства селекционеров и фермеров выглядят старше (25% хозяйств селекционеров старше 36 лет и 5% - старше 30 лет). Однако в целом хозяйства отличаются молодым возрастом (от 2 до 25 лет) (**Рисунок 2).**

Причины, по которым образец расселяется, - наследство (после смерти отца), развод по договоренности, а для некоторых - брак. В этом случае (брак) женщина использует землю мужчины (мужа) для своего поселения. В случае наследования все имущество передается в полном объеме, в то время как в случае раздельного проживания производственные активы (животные, земля, оборудование, имущество) делятся между членами семьи.

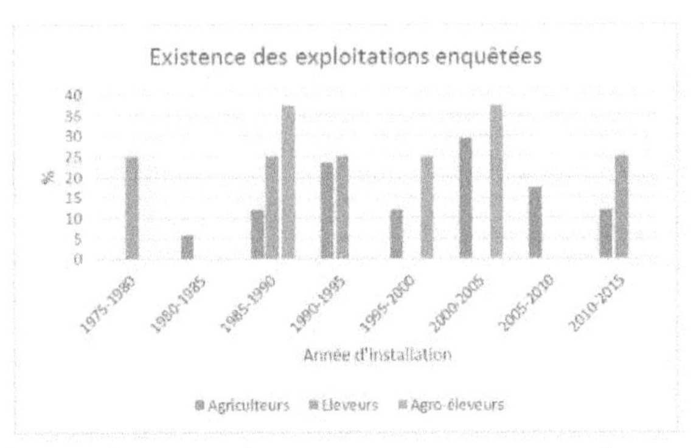

Рисунок 2: *Распределение дат установки в хозяйствах, попавших в выборку, по типам хозяйств*

b - Причины для органического земледелия

Существует ряд причин, по которым фермеры на юго-западе Буркина-Фасо осознали необходимость перехода к экологической интенсификации. Фермеры в этом районе отмечают рост деградации земель и сокращение пахотных площадей. Причиной перехода к органическому земледелию является вредное воздействие химических веществ на почву и окружающую среду. Органическое земледелие, не требующее достаточных затрат (поскольку для покупки химических веществ требуется больше кредитов), оказывает положительное долгосрочное воздействие на почву при использовании органических удобрений (3 года) по сравнению с традиционным земледелием (1 год). Некоторые фермеры отметили, что органическое земледелие выгоднее и экономичнее. С точки зрения здоровья, использование гербицидов, инсектицидов и т. д. вызывало проблемы со здоровьем (инфекции в организме). Кроме того, принадлежность к движению органического земледелия вызвала у них интерес к его производству. 100% опрошенных принадлежали к движению, занимающемуся экологической интенсификацией (ссылка: база данных органического земледелия Dano).

c- Преимущества и ограничения органического земледелия

Преимущества органического земледелия, отмеченные производителями в этом районе, в большей степени связаны с продуктивностью почвы и экономикой производства. В качестве преимуществ были названы хорошая урожайность и длительное сохранение плодородия почвы (3 года), причем в течение этого периода можно обойтись одним опрыскиванием (декларативное название). Что касается экономики, то производители с энтузиазмом отзываются о ценах на органическую продукцию. Органический хлопок стоит 325 франков за килограмм по сравнению с 225 франками за обычный хлопок. Благодаря этому, по словам фермеров, они могут покрывать собственные расходы и семейные нужды (обучение детей в школе и т.д.). Однако, несмотря на успех органического земледелия, существует ряд ограничений для производства. К числу недостатков производители относят трудности с транспортировкой органического навоза: сбор и транспортировка являются основными препятствиями для широкого использования соломы. Перевозить большие объемы на большие расстояния и быстро, по крайней мере, в том виде, в котором они получены, нелегко и, конечно, невыгодно. Это оправдывает их широкое использование на местах производства; застой воды на полях в течение зимы уничтожает часть растений, длительный период засухи замедляет развитие растений, что приводит к низкой урожайности при сборе урожая, уничтожению растений почвенной фауной (насекомыми, муравьями и т.д.).

3- Состав и структура фермерских хозяйств, занимающихся органическим земледелием

a - Сельскохозяйственная зона

В большинстве случаев самые большие посевные площади используются для выращивания сорго, хлопка, кукурузы и проса. С другой стороны, площади посевов риса и коровьего гороха очень малы. Хотя арахис и кунжут не столь важны, они не обделены вниманием среди типов хозяйств (Рисунок 3).

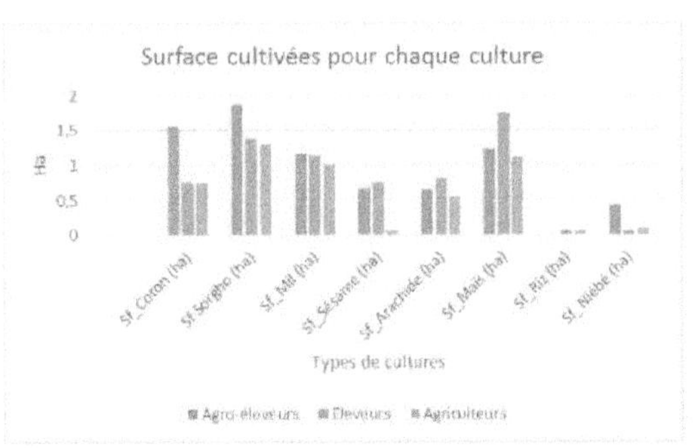

Рисунок 3: Площадь возделывания каждой культуры

Эти более крупные посевные площади принадлежат скотоводам и животноводам, особенно по сорго, хлопку и кукурузе (Таблица 2). Причина в том, что они лучше оснащены тягловой силой и сельскохозяйственной техникой **(Таблица 2**), что облегчает им расширение своих сельскохозяйственных угодий. Фермеры, занимающиеся менее интенсивным земледелием, в целом обрабатывают средние площади, поскольку у них меньше средств производства. Однако, учитывая трудности с получением прав собственности на землю, стратегии по расширению земель трудно сохранить для следующего поколения. Следует также отметить, что все производители в выборке, с которой мы встречались, имеют стада животных, хотя их количество среди фермеров меньше.

Таблица 2: Сельскохозяйственные угодья

Переменная	*Общая посевная площадь (га)*	*Распределение полей*	*Расстояние от полей (км)*
Фермеры	4,8 ± 1,8	Хлопок,	0.5 à 1.53 ± 1.43

		зерновые культуры	
Фермеры	7,6 ± 3,5	Хлопок, зерновые культуры	0.75 à 1.63 ± 0,97
Заводчики	6 ± 1,8	Хлопок, зерновые культуры	0.01 à 1.67 ± 0.53

Выяснилось, что культуры, высеваемые на больших площадях, находятся дальше от концессий, чем на малых. Агроселекционеры, которые преобладают, имеют хозяйства, расположенные дальше, со средним расстоянием от 0,75 до 1,63 км, по сравнению с селекционерами и фермерами, чьи хозяйства находятся ближе к концессиям, со средним расстоянием от 0,01 до 1,67 км и от 0,5 до 1,53 км соответственно.

Большинство хозяйств имеют сельскохозяйственную технику, хотя не все хозяйства имеют одинаковый уровень техники (Таблица 3), и ни в одном из опрошенных хозяйств нет сеялки. Что касается сельскохозяйственной техники, то больше всего ее у скотоводов и животноводов: плуги (1,4); (1,8), прополки (1); (1) гребнеобразователи (1,3); (1) и оборудование для обработки (0,8); (1) соответственно. Наименее интенсивные фермеры также имеют это оборудование, но в меньшем количестве, чем другие типы фермеров: в среднем 0,8 плуга, 0,6 прополки, 0,5 гребнеобразователя и 0,6 опрыскивателя. Во время сбора данных все производители отметили, что у них нет сеялки в составе сельскохозяйственного оборудования. Что касается транспортного оборудования, то все производители не имеют тракторов. Однако у них есть моторизованный транспорт. Некоторые фермеры не имеют трехколесного велосипеда, но в среднем владеют 0,5 мотоцикла. Помимо мотоциклов (1 и 0,6), у наиболее моторизованных фермеров и животноводов есть трехколесные велосипеды (0,1 и 0,5), которые они используют для перевозки своей продукции.

Таблица 3: Сельскохозяйственное оборудование.

Переменная	***Фермеры***	***Фермеры***	***Заводчики***
Сельскохозяйственное оборудование			
Плуг	0,8 ± 0,8	1,4 ± 0,7	1,8 ± 0,9
Сеялка	0	0	0
Прополочная машина	0,6 ± 0,5	1 ± 0,5	1 ± 0,8
Бампер	0,5 ± 0,5	1,3 ± 0,7	1
Очистное оборудование	0,6 ± 0,6	0,8 ± 0,5	1
Транспортное оборудование			
Тележка	0,4	1,3	1,5
Гондола	0,1	0	0
Тракторы	0	0	0
Трехколесный велосипед	0	0,1	0,5
Мотоцикл	0,5	1	0,6
Велосипед	2,3	4	2,3

b - Семья и сельскохозяйственные рабочие

На всех фермах работники необходимы для бесперебойного ведения хозяйства. Они составляют ежедневную рабочую силу на фермах. Среднее количество работников на этих фермах составляет (10,8 ± 6,2); (7,3 ± 4,4) и (8 ± 1,15) соответственно для агроселекционеров, фермеров и животноводов. Кроме того, во время производства руководители ферм два-три раза в год привлекают внешних рабочих для помощи в прополке, гребнеобразовании и/или уборке урожая.

c- Сельскохозяйственное производство

Урожайность становится известна в конце сезона. Сельхозпроизводители начинают сбор урожая в октябре, а заканчивается он, как правило, в декабре. На рисунке 3 показана урожайность, полученная в 2015 году по опрошенной выборке. Как видно из графика, наибольшая урожайность кукурузы была зафиксирована у агроселекционеров и животноводов. Урожайность всех остальных культур была удовлетворительной и практически одинаковой для всех производителей.

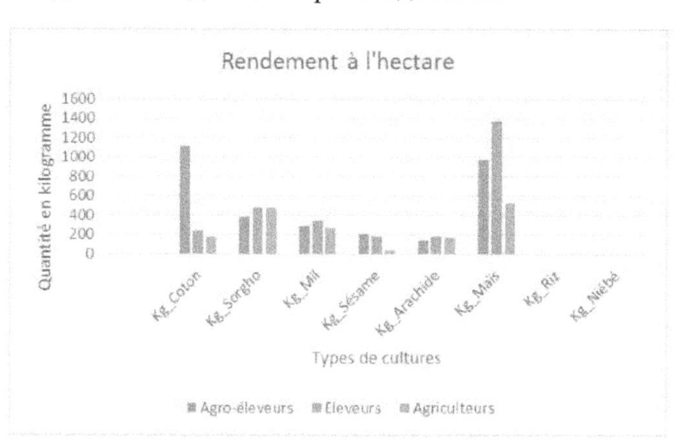

Рисунок 4: Урожайность с гектара

По окончании сбора урожая перевозимая продукция предназначена либо для продажи, либо для собственного потребления (рис. 4). Однако в случае нехватки сельскохозяйственной продукции ее покупают. Из всех этих продуктов только хлопок полностью продается в конце производства, а остальные культуры практически потребляются фермерами и их семьями. На рисунке ниже показаны маршруты, по которым движется сельскохозяйственная продукция, в частности хлопок, кукуруза, просо, кунжут, сорго и арахис.

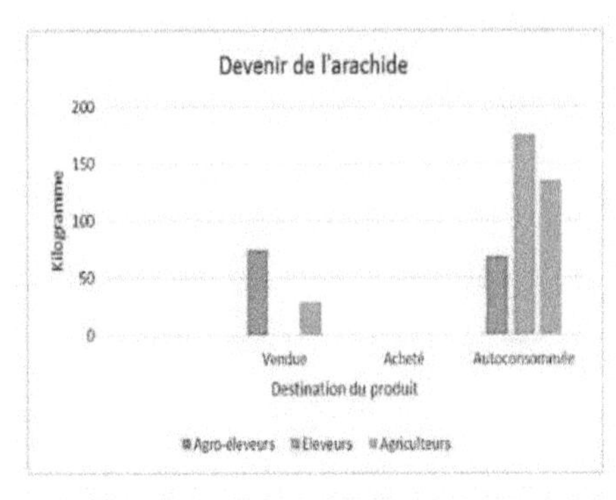

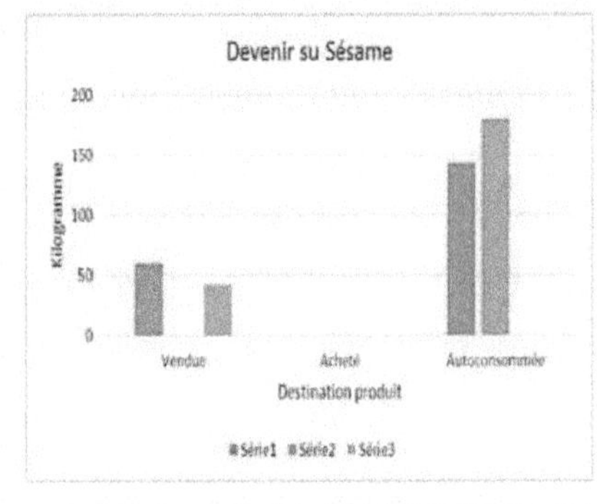

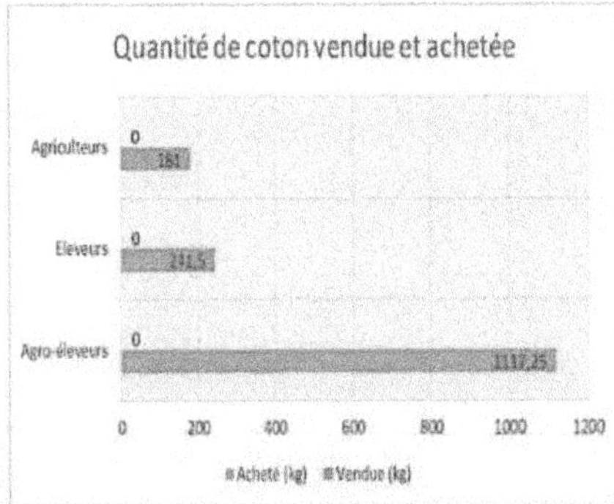

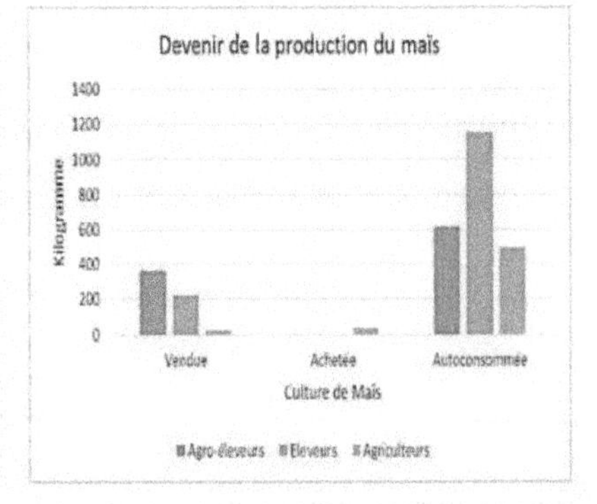

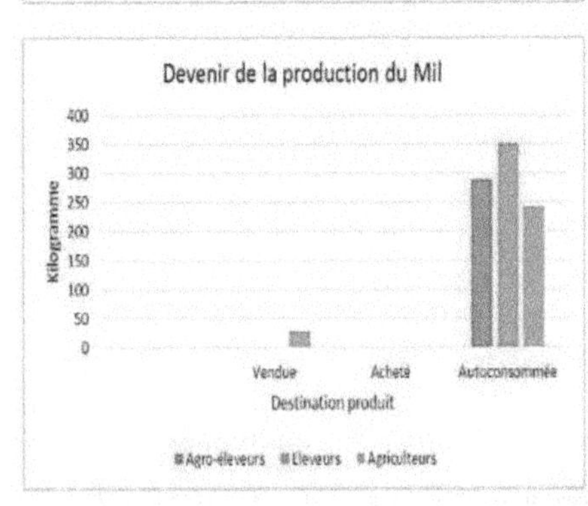

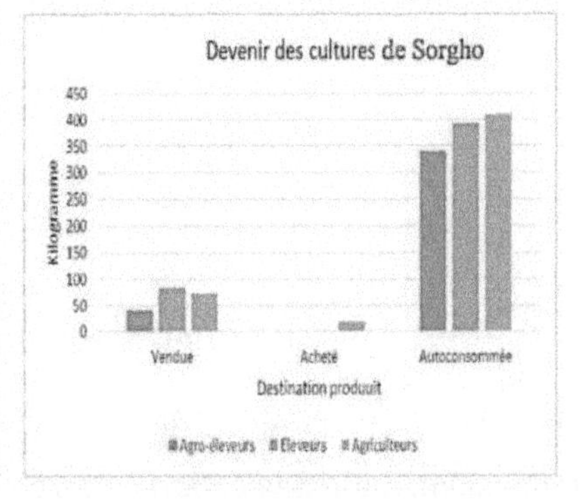

Рисунок 5: Направление различных видов сельскохозяйственной продукции

3- Экономические результаты сельскохозяйственной деятельности: на примере хлопка и кукурузы Во всех случаях экономические результаты сельскохозяйственной деятельности являются многообещающими. В конце концов, продукция фермеров практически самоокупается. Только потребность в деньгах заставляет продавать некоторые продукты.

Таблица 4: Хлопок

Переменные	*Расходы (КФА)*	*Выручка (КФА)*	*Бухгалтерский баланс*
Фермеры	32.150	156.150	Позитив
Фермеры	10.382,4	59.033,8	Позитив
Заводчики	8.250	78.562,5	Позитив

Таблица 5: Кукуруза

Переменные	*Расходы (КФА)*	*Выручка (КФА)*	*Бухгалтерский баланс*
Фермеры	8.937,5	51.250	Позитив
Фермеры	7.647,1	4.411,8	Позитив
Заводчики	15.000	27.500	Позитив

А - ***Изучение методов управления биомассой***

1- Система выращивания

а - Севооборот

Все производители, попавшие в выборку, имеют в среднем по три поля. Некоторые из них практикуют севооборот, а другие остаются под паром на короткие периоды (2 года). На каждом участке есть череда культур, землепользование которых меняется от года к году (ротация). У всех производителей посевные культуры практически одинаковы. Животноводы и скотоводы больше всего вкладывают в производство кукурузы, проса и сорго. Фермеры ограничены средними площадями, но также производят те же культуры. Помимо этих основных культур, на небольших площадях производители выращивают кунжут, рис, коровье гороховое дерево и арахис. Все опрошенные исключили использование минеральных удобрений и прибегают к производству органического навоза для повышения плодородия почвы, хотя и в очень разных дозах. Они производят органический навоз путем создания навозных ям, компоста в кучах и компоста в ямах.

b - Технические маршруты и управление плодородием для хлопчатника и кукурузы

Чтобы получить хороший урожай в конце сбора, необходимо соблюдать определенные принципы производства. Кукуруза и хлопок относятся к числу культур, которые чаще всего сеют участники опроса.

- Хлопок

В юго-западной зоне Буркина-Фасо, согласно выборочным обследованиям, сельскохозяйственные работы начинаются в марте и заканчиваются после сбора урожая в период с ноября по декабрь. Семена хлопка поставляются структурой UNPCB. Производители начинают с выгрузки органического навоза, а затем разбрасывают его коллективно в период с марта по май. Наибольшее количество органического навоза на гектар вносят селекционеры - в среднем 3125 кг **(рис. 5).**

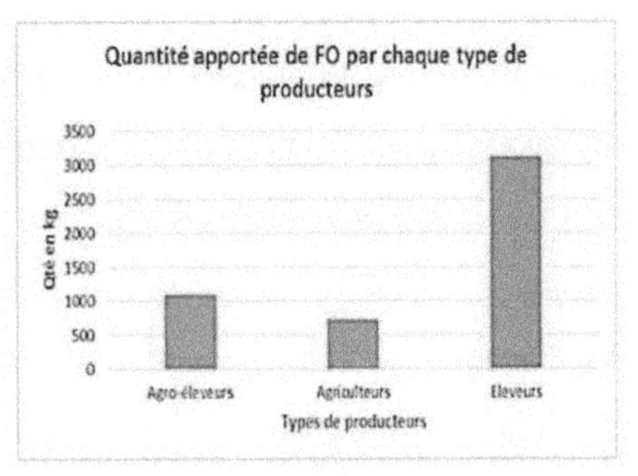

Рисунок 6: Количество органического удобрения, внесенного под

посевы хлопчатника

Фермеры вносят в среднем 1093,75 кг, а крестьяне - 712,744 кг. После внесения почва обрабатывается либо плугом, либо гребнем. Затем фермеры прибегают к прополке и рыхлению. На **рисунке 6 показано**, как каждый тип фермеров ухаживает за посевами хлопка и кукурузы.

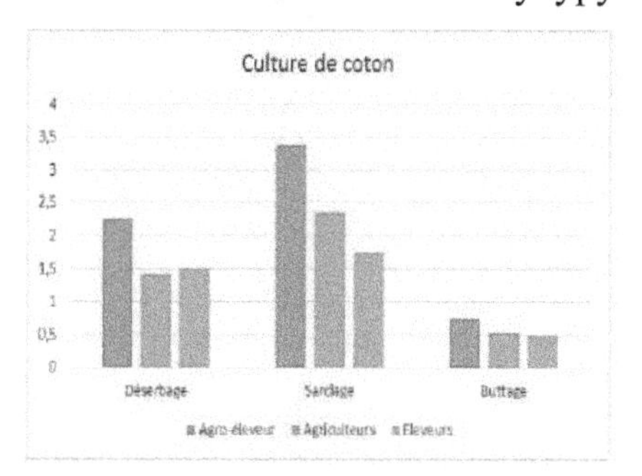

Рисунок 7: Доля различных мероприятий, проведенных на хлопковых полях

Больше всего пропусков для ухода за посевами (прополка, окучивание, гребневание) делают фермеры, за ними следуют животноводы, а затем фермеры. Для прополки средние показатели составляют 2,25, 1,5 и 1,41 соответственно для агроскотоводов, животноводов и фермеров. Агроскотоводы пропалывали хлопковые культуры в среднем 3,37 раза, фермеры - 2,35 раза, а скотоводы - 1,75 раза. Сенокошение проводится один раз в год всеми типами производителей.

- Кукуруза

Технический план выращивания кукурузы не отличается от плана выращивания хлопка. Фазы и периоды производства схожи. Периоды опорожнения и внесения удобрений практически одинаковы. Однако в каждой части есть несколько отличий. На рисунках 6 и 7 ниже показано количество органического удобрения, внесенного на кукурузное поле, и действия, предпринятые при выращивании культуры.

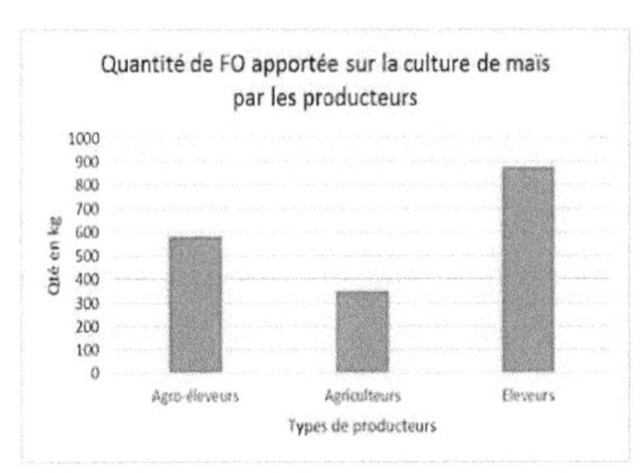

Рисунок 8: Количество органического навоза, внесенного под посевы кукурузы

На рисунке ниже показано, что фермеры оптимизируют использование органического навоза на своих сельскохозяйственных угодьях. Среднее количество навоза, вносимого на кукурузные поля животноводами, составляет 875 кг. У скотоводов и фермеров этот показатель составил 583,33 кг и 348,28 кг соответственно. На рисунке ниже показаны действия, предпринимаемые различными хозяйствами во время производства кукурузы (Рисунок 9).

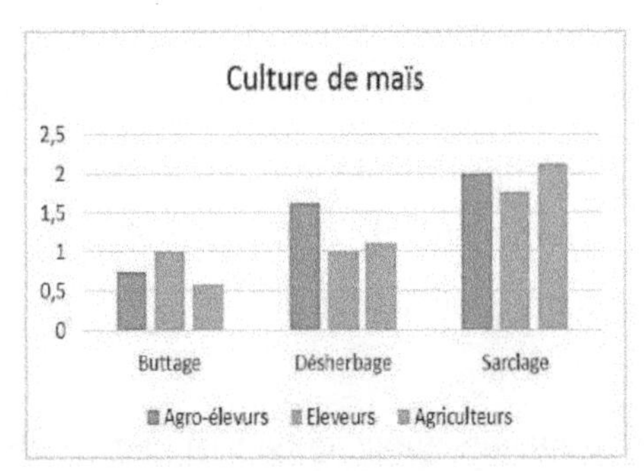

Рисунок 9: Доля различных мероприятий, проведенных на полях кукурузы

с - Методы управления биомассой

Для изучения структуры использования растительных остатков был проведен анализ главных компонент (PCA) (Рисунок 8). Анализ главных компонент был выражен в виде двух осей, которые объяснили 62,19% от общей наблюдаемой изменчивости. 33,07% по оси абсцисс и 29,12% по оси ординат. Этот текст позволяет понять, какую роль играют различные типы растительных остатков в зависимости от условий. Ось 1, которая объясняла 33,07% общей изменчивости, определялась двумя переменными, ВП УП (кг) и кормовыми остатками (кг). Эти параметры отрицательно коррелировали с осью (рис. 8b). Напротив, остатки были отмечены внешней и сожженной ВП. Вторая ось, на которую приходится 29,12% общей изменчивости, была определена двумя переменными: остатки, использованные для производства органического навоза, которые отрицательно коррелировали, и остатки, оставленные на месте, которые положительно коррелировали.

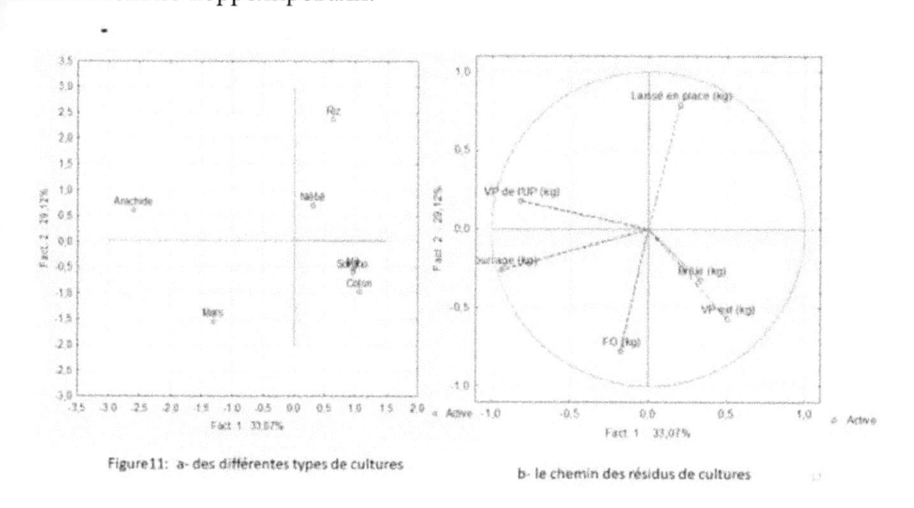

Figure11: a- des différentes types de cultures

b- le chemin des résidus de cultures

a - Методы управления биомассой

После уборки урожая очень важна обработка растительных остатков для следующего сезона. Фермеры используют остатки для кормления животных или производства органического навоза (Рисунок 9). Однако часть остатков оставляют на полях, чтобы использовать их для выпаса скота, а часть складируют для распределения во время голода (сухого сезона). На рисунке 9 показаны различные способы использования остатков различных культур. В то время как хлопок, арахис, сорго и просо в основном используются для выпаса или сжигания, и в меньшей степени для производства органического навоза (компостирования), солома зерновых (особенно кукурузы) в основном используется для производства органического навоза (грубой соломы или подстилки) и для корма животных, в основном агропасторалистами и животноводами, которые испытывают большие потребности в кормах для своих стад. Верхушки бобовых используются исключительно для корма животных. На рисунке ниже показано среднее количество остатков в каждом типе хозяйств. На нем подробно показана загруженность или мотивация хозяйств в управлении биомассой. На каждом графике животноводы и агрофермеры хранят больше остатков, за исключением кукурузы, где фермеры хранят больше остатков кукурузы.

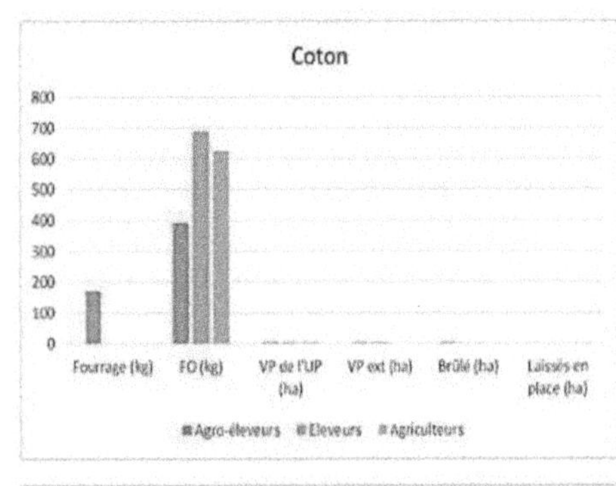

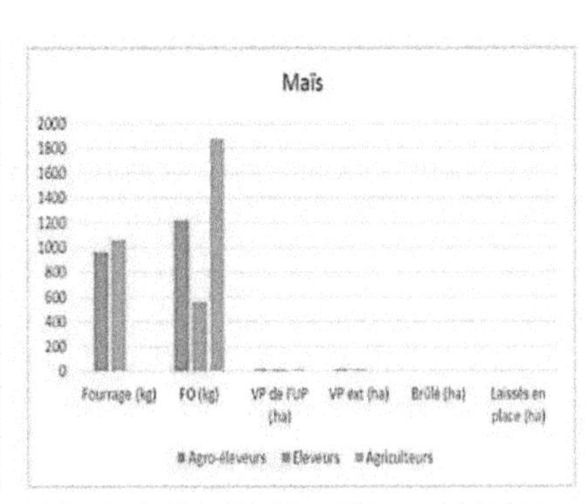

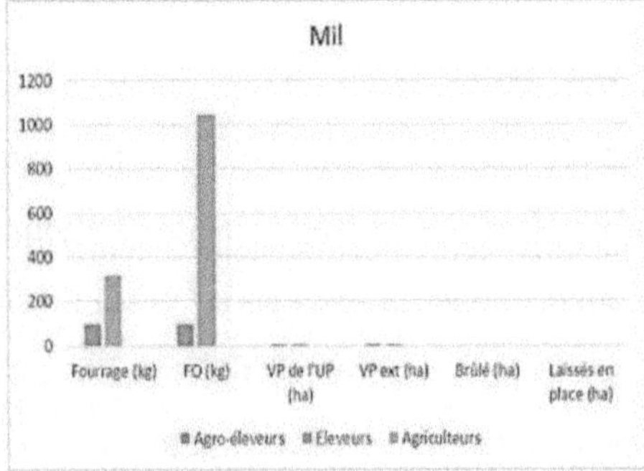

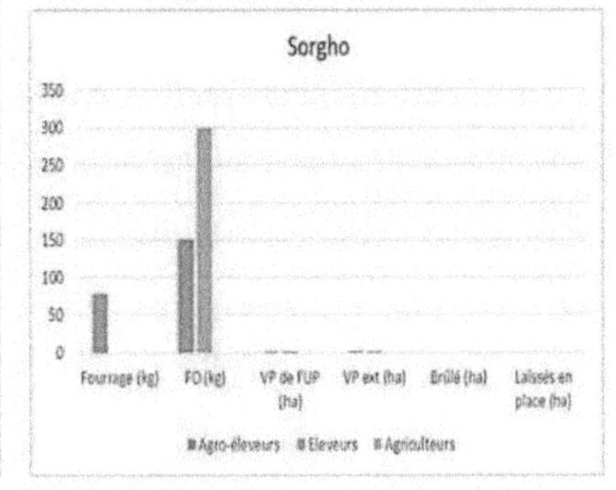

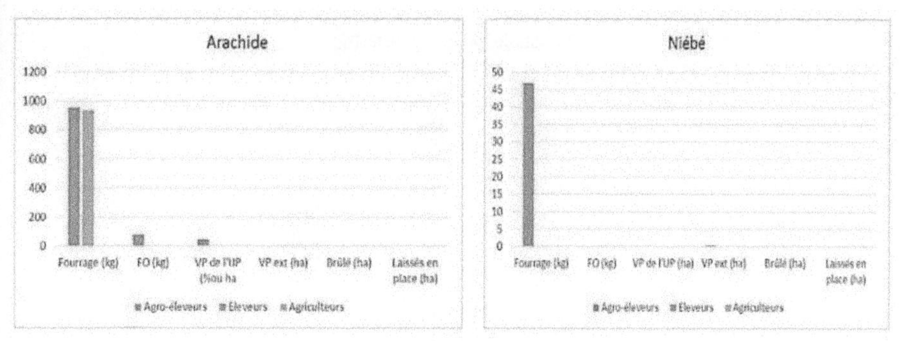

Рисунок 11: Управление растительными остатками на ферме

d- Практика производства органического удобрения

Для фермеров провинции Иоба характерно производство навоза в ямах и компоста в кучах. Для всех типов фермеров органический навоз производится на участке или, для некоторых, в поле. Они начинают с обустройства ямы, которая может быть простой ямой или построенной из таких материалов, как цемент, камни и песок. В яму засыпают солому, навоз животных, бытовые отходы, золу и т. д. Производство других видов навоза очень ограничено.

Средний возраст ям, установленных агроскотоводами, составляет 8 лет, животноводами - 11 лет, а фермерами - 7,5 лет. Производство компоста в кучах началось совсем недавно.

Производители прошли обучение в UNPCB в 2016 году, и лишь немногие из них уже производят компост. Компост в кучах - это недавнее производство органического навоза, поэтому деятельность по его опорожнению еще не проводилась.

В течение всего периода ямы постоянно поливаются хозяйственной водой. Больше всего органического навоза в выборке производят животноводы - в среднем 4618,75 кг. На втором месте - скотоводы со средним количеством 3593,75 кг, а наименьшее количество производят менее интенсивные фермеры - в среднем 1856,36 кг (рис. 10).

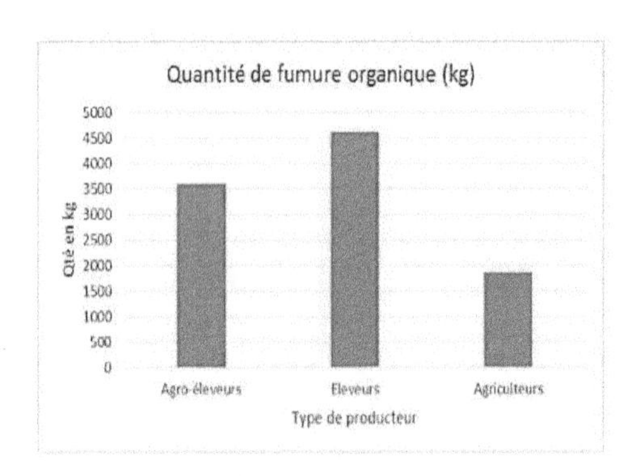

Рисунок 12: Среднее количество произведенного органического навоза

2- Система разведения

а- Характеристика систем животноводства на обследованных фермах

Практика разведения скота в каждой обследованной выборке характеризуется составом стада каждого типа производителей и перемещением внутри стада. Мы различаем производство крупного рогатого скота, ослов, мелких жвачных животных, свиней и птицы (Таблица 6).

Таблица 6: Движение стада на различных фермах

Переменные	*UBT*	*BoT (%)*	*Крупный рогатый скот (%)*	*Мелкие жвачные животные (%)*	*Осел (%)*	*Свини на (%)*	*Птицев одство (%)*
Фермеры	5,4	8,8	4,3	43,8	0,1	5,5	37,5
Фермеры	22,2	3,9	16,9	34,5	1,3	5	38,4
Заводчики	27	3,2	22,9	41,8	2,2	2,7	27,1

Тягловые волы используются для упряжки, а ослы - для транспортировки сельскохозяйственных материалов, культур, остатков урожая и FO. Эти животные играют важную роль на фермах. Что касается вводимых ресурсов и производимой продукции, то это направление деятельности в основном соответствует мелким жвачным животным. Такие животные, как крупные жвачные, наследуются от умершего главы семьи. Однако их продают, чтобы заменить после того, как они становятся старыми и больше не способны выполнять требуемую работу.

Таблица 7: Движение стада на фермах

Переменная	***Фермеры***			***Заводчики***			***Фермеры***		
	Найс (nb)	**Продажа (nb)**	**Приобрести (nb)**	**Найс (nb)**	**Продажа (nb)**	**Купить (nb)**	**Найс (nb)**	**Продажа (nb)**	**Купить (nb)**
BdT	0	0	0	0	0,25	0	0	0	0
Крупный рогатый скот	2,37	0	0	5,75	0	0	0,41	0	0
éle									
Ослик	0,5	0	0	0,75	0	0,25	0	0	0.11
Козы	5,37	1,25	0	4	1	0	4	0,05	2,05
Овцы	6,25	0,625	0,75	6	0,75	0	1,58	0	0,17
Свиньи	1,62	0,12	1,37	2.5	0,25	0	0,64	0,58	0,35
Птицеводство	5,25	14,62	0	6,25	26	0	3,70	5,70	1,58

b - Пастбищные животные

Время, которое животные проводят на пастбище, зависит от различных периодов и наличия кормов. В холодный сухой сезон время выпаса увеличивается, поскольку после сезона сбора урожая появляется большое количество кормов, что позволяет животным лучше пастись. Однако в жаркий сезон нехватка кормов ограничивает время выпаса животных. Время выпаса сокращается, и животные получают корм из запасов, хранящихся для сезона голодания. В зимние месяцы время выпаса также ограничено. Фермеры заняты работой на полях, и некоторые животные используются, с одной стороны, для вспашки (BdT), а с другой - для предотвращения ущерба фермам. В этот период животные могут нанести ущерб чужим посевам, что приводит к конфликтам между фермерами. В зависимости от погоды животные пасутся в одно и то же время. Животные размещаются в загонах или на колья в одно и то же время для каждого типа производителей, и разница видна при сравнении между агроселекционерами, селекционерами и фермерами. (**Рисунок 11). На** рисунке видно, что, независимо от периода, агроскотоводы и животноводы позволяют своим животным пастись в течение длительного времени. Что касается фермеров, то мы отметили, что они более скромны в этой практике.

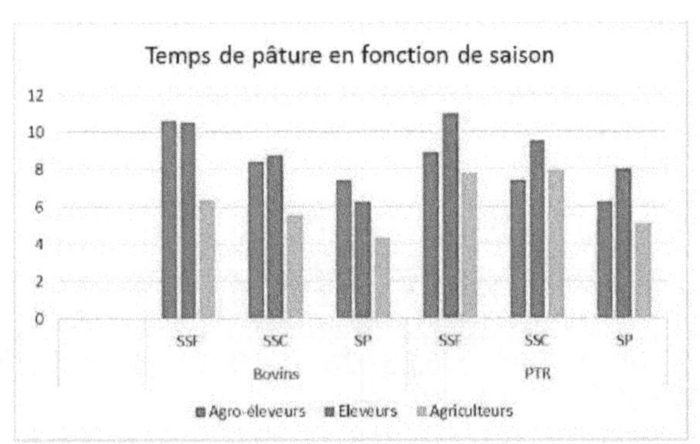

Рисунок 13: Различное время выпаса для животных каждого типа производителей в зависимости от трех сезонов.

c- Управление кормами для животных

Производители в провинции Лоба отбирают запасы кормов в зависимости от площади, на которой выращивается этот продукт, и количества голов скота. Животные больше всего ценят такие корма, как жнивье арахиса, кукурузная солома и рисовая солома. Другие виды кормов (сорго, просо, горох и т. д.) представляют собой растительные остатки, которые в больших количествах оставляют для выпаса животных в холодный сухой сезон. Фермеры и животноводы, владеющие большими стадами животных, хранят большое количество кормов. Однако по количеству хранящихся остатков арахиса они практически равны. (Рисунок 12).

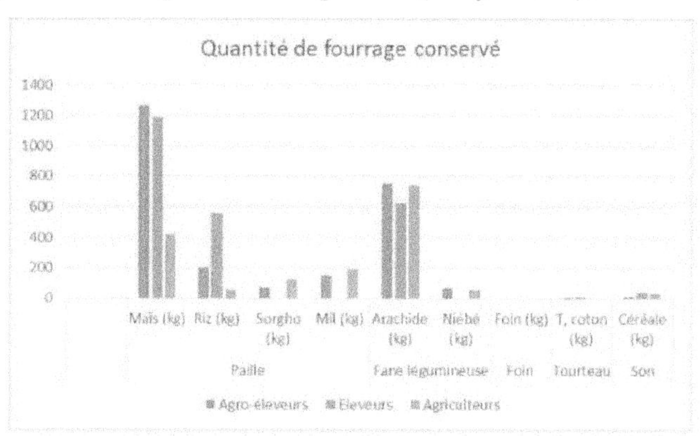

Рисунок 14: Количество хранящихся кормов

Различные виды хранящегося корма раздаются животным в сухой и жаркий сезоны. В этот период кормов не хватает, и животные бродят по территории концессии, сигнализируя владельцу о своем присутствии, и нуждаются в корме из запасов кормов, хранящихся высоко в сараях. Скотоводы и животноводы хранили большие запасы - 2422,8 кг и 2548,1 кг соответственно.

Таблица 8: Название

Переменные	*Фермеры*	*Фермеры*	*Заводчики*
Количество хранимого (кг)	2548,1	1637,5	2422,8

УБТ корма(k г)	127,1	481	100,4
УБТ корма (кг)	11,3	21,9	11

Средний объем кормов, распределенных производителями в выборке, составил 121,1 кг кормовых единиц для агропасторалистов, 100,4 кг кормовых единиц для животноводов и 481 кг кормовых единиц для фермеров. УБТ корма - это корм, потребляемый животными. Он был получен путем вычисления разницы между общим количеством кормов и УБТ кормов.

d- Расходы на систему разведения

Расходы на животноводство в обследованной выборке ограничиваются ветеринарным обслуживанием и покупкой некоторых животных (таблица). Что касается кормов, то животные питаются консервированными кормами, а коммерческие корма не закупаются.

Переменные	*Фермеры*	*Фермеры*	*Заводчики*
Ветеринарное обслуживание животных (сумма) УБТ	1761,4	6912,1	1652,8
Приобретение животных (сумма) LU	721,2	7848,5	1070,9

В конце каждого квартала их посещает ветеринарный врач, и цены устанавливаются в зависимости от вида животного. Животных либо вакцинируют, либо дегельминтизируют (внутренняя дегельминтизация).

ГЛАВА 3

III - Обсуждение

Данное исследование показывает, что фермеры, попавшие в выборку, постепенно переходят к экологической интенсификации. Все практики, связанные с использованием химических средств производства, забываются фермерами в этом районе. В зависимости от индивидуальных целей каждый фермер по-своему распоряжается растительными остатками после сбора урожая.

Сбор и анализ данных, проведенный на этих фермах, значительно расширил наши знания о методах управления биомассой и устойчивости смешанных растениеводческо-животноводческих хозяйств на юго-западе Буркина-Фасо. Исследование также выявило некоторые методологические ограничения, связанные с производством органического навоза. Тем не менее, оно предлагает некоторые обнадеживающие перспективы для улучшения разработанного инструмента анализа и более эффективного использования результатов.

Разнообразие агропасторальных хозяйств, участвующих в органическом земледелии

Сначала мы охарактеризовали смешанные растениеводческо-животноводческие фермы с помощью типологического исследования и описали методы управления биомассой с 29 руководителями ферм. Этот этап включал в себя статистический анализ, погружные исследования и обобщающую работу. Обследование различных типов хозяйств выявило существование трех типов производителей, отличающихся по своей структуре и производственным системам. Эти три типа хозяйств различались, в частности, по поголовью скота и сельскохозяйственным площадям (общая площадь обрабатываемых земель). Таким образом, компоненты стада и сельскохозяйственных угодий являются основным источником для определения типов хозяйств (Stéphanie, 2012). Эти исследования показали, что производители, которые больше всего интенсифицируют производство, имеют высокую урожайность с гектара. Мы сравниваем эту информацию с данными (Vall *et al.,* 2016; Blanchard *et al.* в печати), чьи исследования проекта семейного животноводства и пути интенсификации, соответственно, показали, что фермеры, которые интенсифицировали больше всех в плане капитала и средств производства, выиграли от повышения продуктивности почвы, что привело к более высокой урожайности. Что касается плодородия почвы, то фермеры, которые в наибольшей степени диверсифицировали производство товарных культур, имели более плодородные участки.

Изучение методов управления биомассой на органических фермах

Типы фермеров характеризуются в соответствии с их практикой интеграции сельского хозяйства и животноводства, а также практикой использования биомассы на их фермах. Фермеры, попавшие в выборку, применяют методы использования биомассы или производства органического навоза, схожие с моделью, описанной в хлопководческой зоне южного Мали (Kanté, 2001; Blanchard 2013). Как и в исследовании Тингери (2015), фермеры сталкиваются с трудностями при транспортировке органического навоза на свои поля. Это фермеры с менее интенсивной практикой, некоторые из них склонны бросать все дела, чтобы инвестировать в другие направления. Выезд из страны в соседние государства в поисках лучшей жизни. В некоторых случаях фермеры ведут менее интенсивный образ жизни из-за нехватки сельскохозяйственного оборудования. Они обращаются за поддержкой к донорам.

ГЛАВА 4

Заключение

Фермерские хозяйства на юго-западе Буркина-Фасо постепенно переходят к экологической интенсификации. Все виды практики, связанные с использованием химических удобрений, уходят в прошлое. Однако некоторые группы производителей сталкиваются с трудностями в управлении биомассой, что ограничивает их производство и ослабляет их методы управления биомассой. Причиной недостаточной оптимизации управления биомассой является неадекватное сельскохозяйственное оборудование. Необходимо разработать политику, стимулирующую производителей к увеличению инвестиций:

- ***Поддержка производителей в приобретении сельскохозяйственного оборудования,***
- ***Покупка органических продуктов у производителей по более разумной цене - альтернатива, которая побудит их уделять больше времени своей работе.***

Поэтому данное исследование должно быть проведено по следующим аспектам:

- *Изучить влияние отходов на урожай и окружающую среду, экономический аспект этих практик и оценить их продуктивную эффективность.*

ГЛАВА 5

Ссылка

Батионо А., Кихара Ж., Ванлауве Б., 2007. Динамика, функции и управление органическим углеродом почвы в агроэкосистемах Западной Африки. Agricultural Systems 94: 13-25p Blanchard M., Vayssieres J., Dugue P., Vall E., 2013. Местные технические знания и эффективность производства органических удобрений в Южном Мали: разнообразие практик. Agroecol. and Sustain. Food Syst. 37 (6): 672-699.

Blanchard M., Fayama T., Yanga H., Dabire D., Kouadio K.P., Sodre E., in press Характеристика путей интенсификации на смешанных растениеводческо-животноводческих фермах в западной части Буркина-Фасо и северной части Кот-д'Ивуара. 10p

ДП АСАП, 2015. Base de données sur 250 exploitations agricoles des zones cotonnières du Burkina Faso, du Mali et de la Côte D'ivoire, Sous Access, INERA, CIRDES, IER, IDR, UPGC, CIRAD. Бобо Диулассо (Буркина-Фасо)

ФАО, 2014. Сельскохозяйственные остатки и побочные продукты агропромышленного производства в Западной Африке ROM Italia 74 p.

Гриффон М. 2009. Pour des agricultures écologiquement intensives: des territoires à haute valeur environnementale et de nouvelles politiques agricoles. Кот-д'Амор, Франция: Editions de l'Aube и Conseil général.HOp

Jouve P. 1992 Approche systémique des modes d'exploitation agricole du milieu. Текст взят из коллективного труда "Помощь производителям: демарши, инструменты, области вмешательства", координируемого М. Меркуаре CIRAD/SAR, опубликованного французским Министерством по сотрудничеству и развитию. 37p

Тингери Л.Б., 2015. Понимание и характеристика нестандартных методов использования органического навоза в западной части Буркина-Фасо: оценка устойчивости производственных систем, применяющих их. Диссертация DEA, IDR, Политехнический университет Бобо-Диулассо, 86 стр.

Валл Э, Чиа Э, Бланшар М, (2016) Совместное проектирование инновационных сельскохозяйственных систем с помощью партнерства. Cahiers Agricultures: (в печати).

Milton Keynes UK
Ingram Content Group UK Ltd.
UKHW011147010424
440421UK00001B/342